VENISE

HISTOIRE

DE SES PUITS ARTÉSIENS

PARIS. — IMP. SIMON RAÇON ET COMP., RUE D'ERFURTH, 1.

VENISE

HISTOIRE DE

SES PUITS ARTÉSIENS

A L'ACADÉMIE DES SCIENCES

PAR

GABRIEL GRIMAUD, DE CAUX

Quippè tales sunt aquæ, quales terra per quam fluunt. (C. PLINE, lib. XXXI, c. IV.)

ÉLÉMENTS DE DISCUSSION

HISTORIQUE

DOCUMENTS OFFICIELS

PARIS
DUNOD, ÉDITEUR
LIBRAIRE DES CORPS IMPÉRIAUX DES PONTS ET CHAUSSÉES ET DES MINES
QUAI DES AUGUSTINS, 49

1861

VENISE

ET

SES PUITS ARTÉSIENS

A L'ACADÉMIE DES SCIENCES.

Le présent travail comprend trois parties :

La première se compose d'une *note* purement scientifique, dans laquelle j'ai fait connaître, d'après des documents officiels, *le résultat définitif de l'expérience, concernant l'application des eaux artésiennes à l'alimentation de cette ville.*

Cette note est suivie 1° d'une réclamation des entrepreneurs des puits artésiens, insérée dans les comptes rendus de la séance du 22 avril suivant ; 2° de ma réponse à cette réclamation ; 3° d'une remarque de M. Élie de Beaumont, secrétaire perpétuel, à l'occasion de la même réclamation.

La seconde partie est l'historique des puits artésiens de Venise et de la discussion qui s'est élevée à leur sujet au sein du *neuvième congrès des savants italiens*.

La troisième partie comprend les documents officiels, qui constatent l'état actuel des puits artésiens à Venise.

PREMIÈRE PARTIE

ÉLÉMENTS DE LA DISCUSSION

Dans la séance de l'Académie des sciences du lundi 15 avril 1861, j'ai eu l'honneur d'être admis à lire la note suivante :

HYGIÈNE PUBLIQUE. — *Des puits forés à Venise. Résultat définitif de l'expérience, concernant l'application des eaux artésiennes à l'alimentation de cette ville.*

L'Académie a été entretenue plusieurs fois des essais qui ont été faits à Venise pour alimenter la population avec les eaux artésiennes. Je trouve dans le tome XXV, page 214 des *Comptes rendus* (séance du 2 août 1847), la mention d'une note sur ce sujet envoyée par M. de Challaye, consul de France. Le tome XXVI, page 50 (séance du 10 janvier 1848), contient une seconde note sur le même sujet.

Depuis lors trois lustres se sont écoulés. Il m'a paru intéressant, après ce long espace, de connaître les résultats d'une expérience qui, si elle eût été complète, devait avoir pour effet inévitable de modifier profondément le régime alimentaire d'une population de 120,000 âmes.

Je dis si elle eût été complète; mais elle ne l'a pas été, car les citernes particulières n'ont point été négligées.

Ce qui reste de cette expérience, c'est :

1° La connaissance du terrain sur lequel la ville de Venise est assise;

2° Celle des qualités réelles et de l'origine probable des eaux douces que la sonde a amenées d'une profondeur de 60 mètres.

Pour avoir des données certaines et parfaitement authentiques, les seules dignes de la science, j'ai eu recours à la voie officielle. A ma sollicitation, M. le ministre des affaires étrangères a invité M. le baron de Theis, consul général de France à Venise, à recueillir auprès des autorités vénitiennes les renseignements qui m'étaient nécessaires. Son Excellence, M. Thouvenel, a bien voulu me les transmettre immédiatement.

Ces documents sont :

1° Cinq analyses comparatives comprenant l'eau de trois puits artésiens, l'eau de la Brenta et l'eau des citernes du palais ducal;

2° Un plan de situation des puits dans la ville;

3° Le jaugeage des eaux artésiennes fait à diverses époques, de 1847 à 1856;

4° Un dessin représentant les coupes géologiques des sept sondages qui ont donné de l'eau.

Tels sont les éléments qui servent de base aux considérations suivantes.

Terrain de Venise. C'est une alluvion. La sonde y a pénétré jusqu'à 137 mètres 50 centimètres Les sables fluides et remontants, rencontrés à cette profondeur, ont empêché M. Degousée d'aller plus avant.

L'alluvion de Venise se compose de trois éléments seulement : de sable, d'argile et de tourbe. L'argile se superpose à la tourbe et le sable à l'argile.

La tourbe ne se forme pas au sein des eaux profondes; si on la rencontre à 130 mètres sous le sol actuel de Venise, c'est donc que les eaux de l'Adriatique se sont élevées ou que le rivage de la lagune s'est abaissé de 130 mètres.

Ces couches de tourbe, d'argile et de sable reparaissent, toujours dans le même ordre de superposition. On les a rencontrées d'abord à 20 mètres, puis à 48, puis à 85 et enfin à 130 mètres. La végétation a donc paru quatre fois sur les bords de la lagune avant de s'y établir définitivement; et chaque fois elle a été interrompue par des inondations suivies de dépôts d'argile recouverts de sable. Si bien que les arbres qui, maintenant, déploient leurs rameaux luxuriants au Lido et sur la Brenta ne sont, pour ainsi dire, que la cinquième génération de ceux qui ont fleuri jadis à 130 mètres de profondeur.

Qualités de l'eau artésienne; son origine probable.— Les analyses envoyées sont au nombre de cinq, et, comme je l'ai déjà dit, elles comprennent l'eau de trois puits, l'eau de la Seriola, qui n'est qu'une dérivation de la Brenta, et l'eau des citernes du palais ducal. Ces analyses confirment les principes :

L'eau la plus pure est celle de la citerne (eau de pluie) : elle contient en matières fixes 790

Vient ensuite l'eau de la Seriola ou Brenta (eau de rivière) qui en contient un peu plus. 870

Quant à l'eau des puits artésiens, les chiffres sont, pour celui de San Polo 2 160

De San Leonardo 2 165

De Santa Margarita 2 180

C'est ici le cas de rappeler l'axiome de Pline : *Tales sunt aquæ qualis terra per quam fluunt*. L'eau artésienne traverse une alluvion dont elle rapporte tous les vices : de la matière organique azotée, de l'acide carbonique, de l'hydrogène carboné, de l'azote.

La matière organique qui, dans l'eau de citerne, est seulement dans la proportion de 3

et dans l'eau de la Seriola 59

est dans l'eau de Santa Margarita 129

— San Polo 245

— San Leonardo 252

Quant aux gaz, on a recueilli pour 5 kilogrammes d'eau.

Acide carbonique :

Eau de San Polo	650	cent. cubes.
— Santa Margarita.	680	—
— San Leonardo	700	—
Hydrogène carboné, chaque source .	525	—
Azote, chaque source.	175	—

Les eaux de la Seriola et de la citerne ducale ne fournissent aucun gaz de cette nature.

Telles sont les qualités de l'eau artésienne. Quant à son origine, voici ce qu'on en peut dire :

L'alluvion de Venise, recouverte par l'eau de mer, est imbibée par les infiltrations des eaux pluviales qui, dans la campagne vénitienne, forment des marais de toutes parts, et assez loin même en terre ferme, forcent les cultivateurs qui veulent assécher leurs champs à les entourer d'un fossé assez profond, lequel a toujours de l'eau, même dans les chaleurs.

Ces marais et ces fossés, supérieurs au niveau des eaux jaillissantes, constituent en quelque sorte le commencement de la branche descendante du siphon renversé, dont la branche ascendante est formée par les sondages. En tout cas, cette circonstance locale contribue à expliquer l'excès de matière organique et des gaz signalés par les analyses.

État actuel des puits artésiens de Venise.—Dix-sept puits ont été creusés.

Neuf ont cessé de jaillir dès le mois d'octobre 1852.

Les huit autres ont été l'objet de cinq jaugeages exécutés à divers intervalles. Ces jaugeages ont montré dans le rendement une diminution progressive.

Aujourd'hui les neuf puits artésiens de Venise ne donnent plus que 488 litres par minute, ce qui fait 700 mètres cubes en 24 heures et non 1,656, comme on l'a imprimé, par erreur sans doute, dans des livres publiés récemment.

Voici, en effet, d'après le tableau officiel, ce qu'a donné le jaugeage de septembre 1856, qui a été le dernier :

San Polo.	76	litres par minute.
S. Leonardo	67	—
S. Geremia.	67	—
S. Francesco della Vigna.	47	—
Ghetto nuovo	68	—
S. Giacomo dell'orio. . .	82	—
S. Maria Formosa	23	—
S. Giacomo in Giudecca .	50	—
Total. . . .	488	

En 1857, quand l'eau a coulé pour la première fois, San Polo donnait 247 litres et San Leonardo 220.

A la séance du 22 avril, M. Élie de Beaumont a lu, en sa qualité de secrétaire perpétuel, la pièce suivante, que je copie textuellement dans les *Comptes rendus*, tome LII, page 811 :

HYGIÈNE PUBLIQUE. — *Eaux des puits artésiens de Venise.* (Extrait d'une lettre de MM. *Degousée* et *Ch. Laurent.*)

M. Grimaud de Caux a communiqué à l'Académie, dans sa dernière séance, une note sur les puits artésiens de Venise, contre laquelle je dois PROTESTER.... Je ne réfuterai pas ce qui est dit dans cette note relativement à la nature des eaux obtenues à Venise et des terrains *tourbeux*[1] dans lesquels on les rencontrerait. *Le compte rendu que M. Arago a fait de ces travaux à l'Académie dans la séance du* **10** *février* **1848** a répondu complétement à des ATTAQUES que nous avions dû repousser dès le principe. La note que j'avais présentée renfermait les conclusions du rapport de la *faculté des Sciences* de Padoue, chargée de l'analyse des eaux, les *rangeant au nombre des meilleures eaux potables connues, ce qu'a confirmé M. Balard*[2] *qui a pu les examiner sur les lieux.*

Il a été en effet foré dix-sept puits à Venise pour la ville, mais **M.** Grimaud de Caux doit savoir[3] que neuf d'entre eux n'ont donné **aucun** résultat, et par conséquent n'ont pas eu à cesser de jaillir. **Quant aux huit** autres, leur produit est toujours le même et serait suffisant, et au delà, pour compléter l'alimentation des citernes publiques et privées; seulement, par suite de contestation entre elle et la municipalité, la société dont ils sont la propriété fait depuis plusieurs

[1] C'est M. Pasini qui, le premier, a condamné l'eau artésienne comme provenant *da depositi argillosi e torbacei* (voyez ci-après, page 20.)

[2] M. Balard a beaucoup parlé, à ce qu'il semble, à Paris. A Venise il n'a ni parlé ni écrit. Il était présent au Congrès et il a entendu le discours prononcé par le professeur *Taddei* de Florence, réfutation complète et très-explicite de ce même rapport de la faculté de Padoue, que M. Balard aurait, dit-on, approuvé dès son retour à Paris.

Il faut que M. Balard s'explique; tant qu'il n'aura pas fait connaître publiquement ses raisons, il sera impossible de savoir comment une fontaine ardente, dont les uns proposaient de faire un candélabre, pour éclairer le campo San Polo, dont les autres voulaient administrer l'eau minérale, comme un remède, dans les maladies, a pu être considérée, par un membre de l'Académie des sciences de l'Institut de France, comme la source de l'une des meilleures eaux potables connues. Voyez ci-après la note au bas de la page 40.

[3] C'est pour faire connaître ce que je *dois savoir*, ou plutôt ce qu'il *m'est permis* de savoir et de dire que j'ai rédigé l'historique contenu dans la seconde partie du présent travail.

années écouler dans la lagune tout ce qui ne sert pas aux abonnements particuliers[1].

Peut-être la ville songe-t-elle à augmenter le volume de ses eaux par d'autres moyens; mais elle n'a cependant pas renoncé à tirer parti des puits artésiens, puisqu'elle a traité de leur cession avec notre société, et a stipulé en même temps la remise de deux équipages de sonde complets pour l'exécution de nouveaux puits.

En reproduisant la pièce précédente, j'ai souligné deux mots expressément : *protester* et *attaques*. Il est certain que, quand on dit : je proteste, et qu'on parle d'attaques repoussées, on ne fait pas un compliment.

Les entrepreneurs des puits artésiens de Venise n'ont peut-être pas compris la nuance. On peut regretter que M. le Secrétaire perpétuel n'en ait pas tenu plus de compte. En faisant l'extrait de la réclamation desdits entrepreneurs, et en signant le *compte rendu* dans lequel cet extrait a été inséré, il lui aura échappé qu'il se faisait ainsi, sans raisons suffisantes, j'ose le dire, le porteur d'un compliment négatif.

Quoi qu'il en soit, je constate que, dans la communication faite par moi à l'Académie des sciences, le 15 avril dernier, il n'y a rien qui puisse motiver, ni de près ni de loin, le compliment négatif que je signale.

Je sais bien qu'il y a des précédents, mais ils ne sont pas bons à imiter ; et, si je me permets de les relever, c'est que je m'y crois autorisé précisément parce qu'ils se sont produits à propos de la question actuelle.

[1] Cela est bien singulier, si l'on se rapporte au mince produit actuel constaté officiellement.

Dans la séance du 10 février 1848, M. Arago, rendant compte d'une note qui lui avait été envoyée de Venise, parle d'après cette note des *envieux* et des *pharmaciens*, qui s'étaient permis de trouver l'eau des puits artésiens de Venise *minérale et mauvaise*. Il sera amplement question plus loin du compte rendu de cette note ; pour le moment, je n'en veux dire que ceci. Que serait-il arrivé si, à cette époque, il y avait eu à Paris un de ces envieux ou de ces pharmaciens quelconque? des réclamations sans fin et non pas sans scandale, en présence de la phrase malsonnante introduite de prime abord par M. Arago, qui, j'aime à le croire, ne la tirait pas de son cru.

J'ai répondu à cette pièce inattendue par la lettre suivante :

A M. LE PRÉSIDENT DE L'ACADÉMIE DES SCIENCES.

Paris, 18 avril 1861

Monsieur le Président,

Les *comptes rendus* de la dernière séance contiennent (tome LII page 811) l'extrait d'une lettre de MM. Degousée et Ch. Laurent, en réponse à la note sur les puits forés à Venise, lue à la séance précédente et imprimée dans le même tome, page 724.

Dans cette lettre il est question d'*attaques* repoussées et de *protestation* contre des chiffres que j'ai produits.

La probité scientifique dont je m'honore et le respect que j'ai pour l'Académie ne me permettent pas de garder le silence.

Les auteurs de la lettre citent M. Arago et M. Balard.

M. Arago n'a fait aucun rapport. Il a donné seulement l'analyse d'une note que M. Degousée lui avait envoyée de Venise et que j'ai citée dans ma communication.

Quant à M. Balard, je ne connais de lui aucun écrit concernant les eaux des puits artésiens de Venise, et les *comptes rendus* ne contiennent rien de lui sur ce sujet.

Les chiffres de ma note sont relatifs à la qualité des eaux et à leur quantité.

I *Qualité des eaux artésiennes de Venise.* — L'analyse a été faite quatre fois :

1° Au nom de la municipalité de Venise, par une commission composée de trois professeurs de l'école technique, MM. *Bizio*, *Zantedaschi* et *Pisanello* et par deux autres chimistes, MM. *Galvani* et *Cardo*.

Cette commission a fait deux analyses et deux rapports.

2° Par M. Ragazzini, professeur de chimie médicale à l'université de Padoue.

3° Par une troisième et dernière commission composée de deux chimistes renommés en Italie, MM. *Zanon*, de Belluno, et *Cenedella*, de Brescia, et de MM. *Penolazzi*, médecin, *Ziliotto*, chirurgien, et *Malacarne*, ingénieur, ces derniers de Venise.

Les quatre analyses sont conformes.

La première commission, dans ses deux rapports, a déclaré que les eaux des puits artésiens étaient de mauvaise qualité. La troisième a exprimé la même opinion dans les termes suivants : *Essa presenta i caratteri della cattiva aqua potabile.* Elle présente les caractères de la mauvaise eau potable.

II. *Quantité qui s'écoule actuellement par minute* — J'ai dit qu'il avait été fait cinq jaugeages : en 1847, 1850, 1852, 1854, 1856. J'ai donné seulement les chiffres du jaugeage de 1856, qui a été le dernier. Voici ces chiffres au complet. Je copie la pièce marquée F dans les documents officiels.

JAUGEAGE (*misurazione*) DE LA QUANTITÉ D'EAU JAILLISSANT EN UNE MINUTE DES PUITS ARTÉSIENS FORÉS A

	1847 NOVEMBRE	1850 DÉCEMBRE	1853 AVRIL	1854 JUILLET	1856 SEPTEMBRE
San Polo.	243	243	103	57	76
San Leonardo.	220	220	75	87	67
Sabbioni di San Geremia.	»	136	56	46	67
San Francesco della Vigna.	151	105	66	40	47
Santa Margarita.	153	21	»	»	»
Ghetto nuovo.	»	100	»	21	68
San Giacomo dell'orio. . .	»	72	»	60	82
Santa Maria Formosa. . .	»	21	»	10	23
San Giacomo in Giudecca.	»	132	57	72	58

Ces jaugeages ont été faits à l'orifice des puits, sans défalcation de l'eau que la société fait rejeter dans la lagune, depuis longues années, ainsi que MM. Degousée et Laurent nous l'apprennent.

Le reste de la lettre de MM. Degousée et Ch. Laurent n'a rien qui touche à la science, n'a aucun rapport, ni avec l'hygiène, ni avec la géologie.

Comme je l'ai dit, les chiffres que j'ai donnés ont été fournis par les autorités vénitiennes et adressés par la voie officielle à M. le ministre des affaires étrangères, qui a bien voulu me les transmettre avec autorisation d'en prendre copie.

Je mettrai cette copie à la disposition de l'Académie; on pourra la confronter avec les originaux, si on le désire, dans les bureaux du ministère des affaires étrangères, où je dois les restituer conformément aux ordres de M. le ministre[1].

Je vous prie d'agréer, monsieur le Président, l'hommage de mes sentiments respectueux.

G. GRIMAUD DE CAUX.

[1] J'ai fait imprimer les principaux documents. Voyez la troisième partie

M. Flourens a analysé cette lettre en quelques mots, et il en a inséré la plus grande partie dans les *Comptes rendus*. J'ai donné le texte entier.

M. Élie de Beaumont a pris alors la parole pour faire la remarque suivante. (*Comptes rendus*, tome LII, page 859.)

« M. Élie de Beaumont, à propos du doute soulevé par M. Grimaud, relativement à une assertion de MM. Degousée et Laurent, remarque que cette assertion est pleinement confirmée par le compte rendu de la séance du 10 janvier 1848 (tome XXVI, page 50), aussi bien pour ce qui regarde M. Balard que pour ce qui regarde M. Arago. »

Quand on a lu les pièces qui précèdent, il est difficile de comprendre l'objet de la remarque de M. Élie de Beaumont; car je n'ai émis aucun doute sur rien, encore moins sur le compte rendu de la séance du 10 janvier 1848, que j'ai cité le premier dans ma note du 15 avril passé. Je n'y vois donc qu'un désir, à mon avis peu clairement exprimé par M. Élie de Beaumont, de donner une espèce de certificat d'authenticité générale aux assertions de MM. Degousée et Laurent. J'ajoute que, en interprétant ainsi la remarque de M. le Secrétaire perpétuel, ce n'est pas mon sentiment que j'exprime, c'est celui de l'auditoire et de plus d'un académicien qui ne me l'ont pas laissé ignorer. Évidemment M. Élie de Beaumont tenait à ce certificat; car il ne s'est pas contenté de faire sa remarque, il a expédié un huissier à la bibliothèque et il a redemandé la parole pour lire, à haute et intelligible voix, le compte rendu de cette même séance du 10 janvier 1848. Enfin il a interpellé M. Balard qui, sans doute, était absent et par conséquent n'a rien répondu.

Pour éclaircir tous les doutes, rectifier tous les jugements, et faire bien discerner les véritables authenticités, j'ai rédigé l'historique, formant la deuxième partie de ce travail.

DEUXIÈME PARTIE

HISTORIQUE

En résumant, dans de courtes notes présentées à l'Académie des sciences, le fruit de mes études et de quelque expérience concernant les eaux publiques, j'ai été amené à parler de Venise, des puits artésiens qu'on y a forés dès 1846 et des résultats de l'application de leurs eaux à l'alimentation de cette belle ville.

Je connaissais la question pour l'avoir étudiée sur place avec mission spéciale de la résoudre. J'en avais même dit publiquement mon avis dans une des séances du neuvième et dernier *Congrès scientifique italien* tenu à Venise au mois de septembre 1847.

Je pouvais donc me croire parfaitement éclairé sur le fond. Mais j'ignorais l'état actuel des choses. Pour avoir des données certaines, les seules dignes de la science, j'ai eu recours à la voie officielle. La note que j'ai lue à l'Académie, dans la séance du 15 avril dernier, est le résumé consciencieux de documents authentiques.

Les résultats sont exprimés par des chiffres constatés officiellement : on ne saurait les contester. Néanmoins l'Académie a reçu une lettre dans laquelle on a *protesté!*... j'ai répondu à cette *protestation* par des chiffres plus complets, insérés dans les *comptes rendus* de la séance du lundi 29 avril 1861.

M. Élie de Beaumont, secrétaire perpétuel, qui a signé le cahier dans lequel la protestation a été insérée, a cru devoir l'appuyer de son témoignage.

Me voilà donc obligé d'avoir raison et contre mon *protestant* et contre M. Élie de Beaumont.

J'en demande bien sincèrement pardon à M. Élie de Beaumont. Il me l'accordera, je l'espère, j'y compte même, ayant pour cela deux motifs puissants que j'énonce sans aucune arrière-pensée. D'abord, c'est le propre de la grandeur, de la dignité d'esprit et de caractère de ne point marchander avec la vérité et la raison; ensuite il doit être permis à un homme qui a passé presque toute sa vie à l'étude d'une question à sa portée, d'en savoir, sur cette question, un peu plus que tout autre, même des plus savants, qui aurait pu y jeter seulement un coup d'œil, en passant et à la dérobée.

Au reste, l'histoire des puits artésiens de Venise a un enseignement certain et des côtés curieux sous plus d'un rapport, curieux à cause de la ville dont il s'agit, et curieux aussi à cause des détails. Ce qui se passa au Congrès des savants a été publié par le professeur Taddei de Florence, président de la section de chimie et le Nestor des sciences chimiques en Italie. Je puis assurer que cela est piquant et gagne beaucoup à être vu à distance, quand le temps a produit son action; quand les causes aperçues et indiquées par les uns, niées en même temps, soit ignorance, soit intérêt, par les autres, ont développé leurs effets naturels.

MM. Balard et de Verneuil étaient de ce Congrès; ils s'en souviendront avec plaisir comme moi; cela rajeunit un moment. Il y aura bientôt quinze ans, et, à notre âge, pouvoir se rajeunir ainsi de trois lustres, même en imagination, quand le for intérieur est bien éclairé, quand la conscience n'a aucun recoin obscur, c'est une chose qui vaut son prix. Il n'y a que les désespérés et, comme on dit en Italie, les *tristes* qui se souviennent avec peine des temps plus heureux.

I

On lit dans les comptes rendus de la séance du 10 janvier 1848 de l'Académie des sciences, tome XXVI, p. 50, à l'article *Correspondance*, la mention suivante :

« *Puits artésiens de Venise*. M. Arago a rendu compte d'une note dans laquelle M. Degousée expose la série de travaux par lesquels il est parvenu à doter la ville de Venise de *très-belles fontaines jaillissantes*...

« De 1825 à 1830 le gouvernement fit faire de *nombreux* essais pour obtenir, au moyen de sondages, des eaux artésiennes. Les difficultés de l'opération, provenant de la présence des *sables fluides* dans les couches à traverser, *rendirent ces tentatives infructueuses. Toute espérance était perdue, lorsque M. Degousée*[1], après avoir étudié attentivement le régime des eaux dans la contrée, proposa de faire l'opération à ses risques et périls. Le contrat fut conclu le 1er février 1846. Les équipages de

[1] Nous avons cet historique officiel imprimé à Venise en 1844 rédigé par M. Paléocapa, directeur général des ponts et chaussées du royaume vénitien.

Ce n'est qu'en janvier 1852 que le gouvernement chargea l'ingénieur en chef de la province d'étudier la question. Le rapport de l'ingénieur conclut à des essais; mais, en raison des conditions géologiques du terrain, ajoutait-il, il ne faut pas s'attendre à un succès certain.

En juillet 1854 l'*Ateneo veneto*, alors la seule Société savante de Venise, s'associant aux vues du gouvernement nomme une commission présidée par le comte Guido Erizzo et dont fait partie le même ingénieur en chef. Cette commission émet le vœu qu'on fasse un essai (*il voto che si faccia un esperimento*).

Jusques-là tout se réduit à de simples consultations ; on ne fait rien.

Ce que voyant, au bout de quelques années (*alcuni anni dopo*) — mon auteur ne dit pas la date — le conseil aulique de guerre confia à un de ses officiers du génie les plus experts, le capitaine Paolucci, la mission d'aller étudier en France et en Angleterre la pratique du sondage ; puis il l'envoya à Venise pour creuser un puits au beau milieu de l'arsenal. Malheureusement le capitaine Paolucci fut surpris par une maladie qui l'emporta subitement dans la fleur de l'âge et des espérances. Il avait fait tous les préparatifs, réuni tous ses instruments, mais il avait à peine commencé l'opération du sondage, *incominciate appena le operazioni del trivellare.*

Après la mort de l'officier du génie on ne fit plus rien ; les raisons qui présentaient le succès du forage comme improbable firent sans doute renoncer à toute tentative ultérieure.

Cet historique, comme on voit, n'est pas du tout conforme à celui que fait ici M. Arago, d'après la note de M. Degousée. Il n'y est nullement question de *nombreux* essais ni de *sables fluides* ayant rendu les tentatives infructueuses ; il n'y eut qu'une tentative qui fut interrompue, dès les premiers jours, par la mort de celui qui en avait été chargé.

sonde partirent de Paris en mai ; en août les travaux commencèrent sur la place *Santa-Maria-Formosa*. Au bout de six mois, l'eau jaillissait au-dessus du sol, d'une profondeur de 61 mètres.

« Au commencement de janvier 1847, un second forage fut commencé sur la place Saint-Paul. Le 15 avril suivant, une nappe jaillissante, venant de la profondeur de 60 mètres, déversait à 4 mètres au-dessus du sol 250 litres par minute.

« Le nombre total des sources artésiennes est maintenant de 6. Trois nouveaux sondages sont en cours d'exécution.

« *Ce succès inespéré de notre habile ingénieur excita l'envie*. Une commission de *pharmaciens* soutint que les eaux étaient minérales et mauvaises. Mais, la question ayant été portée devant la Faculté des sciences de Padoue, ce corps savant déclara, *avec une loyauté*[1] *qui l'honore*, que l'eau des puits artésiens de Venise, après qu'elle a été exposée quelques instants à l'air, pour laisser dégager l'*hydrogène carboné* et l'*acide carbonique* qu'elle renferme, dissout bien le savon, cuit parfaitement les légumes, est agréable au goût, et doit être rangée parmi

[1] LOYAUTÉ !... c'était *ignorance* ou *simplicité* ; et il en fallait beaucoup de l'une ou de l'autre pour déclarer qu'une eau, dont, avant de la boire, il est nécessaire de laisser dégager l'hydrogène carboné et l'acide carbonique, doit être rangée parmi les *meilleures eaux potables connues*. M. Arago, en 1848, avait d'autres préoccupations dans sa tête, quand il a reproduit l'assertion et qu'il y a associé M. Balard ; sans cela il ne lui aurait pas échappé qu'il y avait là une contradiction monstrueuse ; que l'hydrogène carboné décelait, dans le terrain, la présence des éléments producteurs de ce gaz ; et qu'un tel gaz, n'étant ni agréable ni salubre, ne pouvai point faire, de l'eau à laquelle il était mêlé, l'une des *meilleures eaux potables connues*.

les meilleurs eaux potables connues. *Cette conclusion a été confirmée par M. Balard*, qui a pu examiner l'eau sur les lieux. »

La note de M. Degousée fut renvoyée à une commission composée de MM. Élie de Beaumont, Dufrénoy et Balard. Je n'ai pas trouvé le rapport de cette commission dans les *comptes rendus*, et par conséquent les raisons de M. Balard pour approuver ou pour condamner sont restées inconnues. Quant à l'analyse que le secrétaire perpétuel, dans la séance du 10 janvier 1848, a faite de la note de M. Degousée, il faut bien convenir qu'elle est toute bienveillante; et l'on sait combien M. Arago était prodigue de sa bienveillance pour ses amis. Il mettait à les soutenir, attaquant ou défendant, une ardeur toute méridionale qui l'entraînait, sans qu'il s'en aperçût, en dehors des limites de l'éloge ou du blâme plus ou moins mérités. J'ai eu l'honneur d'être lié, je puis dire intimement, avec un de ses amis qui m'a souvent entretenu des brillantes qualités du savant astronome qu'il admirait, de sa fougue espagnole, et aussi de son caractère contrasté, dont il déplorait tout bas les écarts. Ces impressions justes s'accordent bien avec ce qu'on sait généralement d'Arago. Un trait de son dernier voyage le peint tout entier. Il est à sa gloire comme aussi à la gloire de celui qui en fut l'objet. Je me garderai bien de le déflorer en le publiant ici; je le respecte et je réserve à l'auteur futur de son éloge la primeur de ce détail précieux d'une vie bien remplie. Mais revenons.

Déjà en 1835, M. Arago avait consacré à M. Degousée, dans l'Annuaire du bureau des longitudes, un chapitre de sa *Notice sur les puits artésiens* ; il était naturellement porté à regarder comme parfaitement exactes toutes les assertions de l'*habile ingénieur* concernant les puits artésiens de Venise et l'excellence de leur eau : assertions appuyées d'ailleurs sur un rapport de la Faculté de médecine de Padoue. Seulement le certificat de *loyauté* donné à ce propos à la Faculté de Padoue était de trop, non pas en lui-même, mais par le fait de la réciproque; car M. Arago insinuait ainsi d'une manière trop claire que les *envieux* et les *pharmaciens*, qui avaient trouvé l'eau mauvaise, étaient des gens sans loyauté : ce qui n'était ni vrai, ni poli.

Je prends ma part de ce reproche public, étant de ceux qui ont trouvé l'eau mauvaise et en ayant, dans le temps, imprimé mes raisons, qui plus est, sans être ni *pharmacien* ni *envieux*. Je prends ma part de ce reproche, je le répète, et quelque indirect qu'il soit dans sa forme, j'en dois relever l'injustice, dans la mesure qui convient à quiconque a l'habitude de se respecter et de respecter autrui. Je raconterai donc simplement et brièvement quel était le véritable état des choses, quand les hyperboles de M. Degousée arrivèrent à l'Académie des sciences et que M. Arago crut devoir les reproduire, dans leur pureté native, aux *Comptes rendus*.

II

Donc M. Degousée avait fait avec la municipalité de Venise un contrat par lequel il s'obligeait (art. X) à fournir 1,250 litres, par minute, d'eau limpide, douce, salubre, potable et propre à tous les usages; et à pousser, pour l'obtenir telle, le sondage jusqu'à 300 mètres de profondeur (art. III).

On creusa d'abord à *Santa Maria-Formosa*, et l'on trouva de l'eau à 60 mètres au-dessous du sol. Ce fut une grande émotion parmi les Vénitiens. On courut au Campo de tous les points de la ville : tout le monde constata que l'eau était mauvaise. Comment se refuser à l'évidence? Mais cela ne faisait rien, disait-on; en poussant plus avant dans le sol, la sonde amènera de la bonne eau.

Il existe de ceci un témoignage irrécusable : on n'a qu'à consulter la *Gazette privilégiée* de Venise du 24 décembre 1846. M. Lodovico *Pasini* s'y est rendu l'interprète véridique et immédiat de l'opinion commune. Or, M. Pasini était le promoteur le plus exalté des puits artésiens, et il ne cédait à personne le droit d'en parler au public. Il était de plus secrétaire perpétuel de l'Institut de Venise, plus tard secrétaire général du Congrès des savants; ajoutez à ces titres qu'il était géologue. « *L'ac-*

« *qua*, dit-il, *procedendo da depositi argillosi e torbacei,* « *non può essere a dirittura di buona qualità; aggiunga-* « *si che durante la perforazione si ebbero frequenti ema-* « *nazioni di gas idrogene, la cui mescolanza è alla bontà* « *dell'acqua assai nocevole..... Si dee notare che non è* « *di que l'acqua che si và in cerca colla perforazione,* « *bensi di quella assai migliore e più pura che scorre in* « *mezzo alle ghiaje della pianura veneta..... E dunque* « *necessario que la perforazione sia spinta fino ad incon-* « *trare le ghiaje, etc.* Cette eau, provenant de dépôts d'ar- « gile et de tourbe, ne peut pas être directement de bonne « qualité; il faut ajouter que, pendant le forage, il s'est « manifesté de fréquentes émanations de gaz hydrogène « dont la présence est très-nuisible à la bonté de l'eau..... « Il faut se rappeler que ce n'est point une pareille eau « que l'on cherche au moyen du forage, mais bien l'eau « beaucoup meilleure et plus pure qui court à travers les « graviers de la plaine vénitienne. Il est donc nécessaire « de pousser le forage jusqu'à la rencontre de ces gra- « viers.....» On trouvera ce passage reproduit en entier dans la *Raccolta fisico-chimico italiana*, fascicolo IX del t. II, Venise, 1847.

Tel fut le premier jugement porté publiquement sur cette eau artésienne venant de 60 mètres. Voilà donc M. Pasini se plaçant lui-même le premier en tête de la liste de ceux qui ont trouvé l'eau mauvaise.

On continua assez péniblement le sondage de *Santa-Maria-Formosa*, et on le poussa jusqu'à 137 mètres; mais, au lieu des couches aquifères désirées, on rencontra des sables fluides, remontants, devant lesquels la sonde de

M. Degousée dut baisser pavillon, malgré l'art. 3 du contrat, lequel article eut dès lors absolument la même valeur que s'il avait été passé avec le possesseur d'une baguette de coudrier quelconque.

En effet, on creusa à San Polo, à San Leonardo, etc., en dix-sept points, et l'on rencontra l'eau de 60 à 62 mètres. Cette eau était la même que celle de *Santa Maria-Formosa*. Voici en effet ce que je lis dans la *Raccolta fisico-chimica italiana*, fasc. IX del t. II, dans une note signée ZANTEDESCHI. « *L'acqua che sgorga dai pozzi « artesiani di S. Polo, di S. Leonardo e di Sta Marghe- « rita si deriva della stessa profondità di* 60 *m. a* 62 *m. « all' incirca e da depositi argillosi et torbacci,.come il « veneto geologo Pasini ebbe più volte a dichiarare all' « I. R. Istituto.* L'eau qui jaillit des puits artésiens de « Saint-Paul, de Saint-Léonard et de Sainte-Marguerite « vient de la même profondeur de 60 à 62 mètres envi- « ron et traverse les dépôts d'argile et de tourbe, comme « l'a plusieurs fois déclaré le géologue vénitien Pasini à « l'Institut impérial et royal. »

Le professeur Zantedeschi est membre effectif de l'Institut de Venise, il est connu de l'Académie des sciences, il n'est *envieux* que de physique, et surtout il n'est pas *pharmacien*.

Les sables remontants s'étaient rencontrés partout, et l'on n'avait pas pu les vaincre, malgré l'emploi du système Fauvelle. Il fallait renoncer au contrat ou faire passer cette eau, repoussée de prime abord comme évidemment mauvaise, et condamnée par M. Pasini lui-même, qui n'y avait pas épargné les bonnes raisons; il fallait, dis-je, la faire passer pour une eau de la meilleure qualité.

Le 27 mai 1847, à la séance de *l'Ateneo veneto*, le nobile Giovanni *Minotto* demande pourquoi on néglige l'entretien des gouttières qui alimentent les citernes, et pourquoi aussi on laisse perdre dans les canaux *l'eau de San Polo* qui, *si elle n'est pas bonne à boire*, peut servir à beaucoup d'autres usages. M. Antonio Galvani, membre de l'Athénée, répond :

« Que l'analyse chimique de l'eau du nouveau puits « artésien y a démontré la présence de matières orga- « niques et de sels calcaires en telle abondance qu'on ne « peut certainement pas la regarder comme potable; qu'il « est douteux encore que cette eau puisse servir à d'autres « usages, par exemple, au blanchissage (alle lavature); « qu'on n'est pas encore fixé sur la nature et la gravité « du danger qu'il y aurait à la laisser boire; que dans le « doute on ne peut pas la mettre à la disposition du pu- « blic, qui n'écoute pas toujours les avis salutaires. » (Voyez la *Gazette privilégiée* de Venise, du 4 juin 1847.)

Oh ! pour le coup nous sommes en face d'un pharmacien, et ce pharmacien est membre de la commission chargée par la municipalité d'analyser l'eau de San Polo; car *Santa Maria-Formosa* n'en donnait pas.

Ici j'arrêterai l'attention du lecteur sur un trait particulier des mœurs vénitiennes. En France, le titre de pharmacien rappelle toujours plus ou moins l'acolyte de M. Purgon, l'apothicaire des comédies de Molière. A Venise ce n'est pas de même. Sous l'ancienne république, tout ce qui exerçait une profession était classé et n'était admis dans les salons de la noblesse que par suite d'exceptions personnelles. Il n'en était pas ainsi des pharmaciens, ils étaient reçus partout. On avait compris la nécessité d'accorder la considération aux hommes auxquels on confiait le soin de choisir et de préparer les substances nécessaires au rétablissement de la santé et à la préservation de la vie. L'insinuation épigrammatique qui se tire de la qualité de *pharmacien* peut bien, encore aujourd'hui en France, exciter les risées des esprits légers : ils ignorent combien de connaissances élevées et positives doit acquérir l'étudiant qui veut exercer cette profession : mais, je le répète, l'épigramme n'aurait aucun succès à Venise.

Aussi le langage tenu par M. Galvani à l'Athénée, en réponse aux observations de M. Minotto, eut-il un grand retentissement. L'un des entrepreneurs, M. Manzini, crut devoir réclamer, il pressait M. Galvani et la Commission de publier leur travail (*Debbono senza ritardo pubblicare gli studii e l'analisi, al punto in cui erano quando il Galvani parlava*). V. *Gaz. priv. di Venezia*, 9 juin 1847, p. 525.

La Commission répondit qu'elle ferait connaître son jugement quand il en serait temps, et elle en prit occasion pour se plaindre publiquement des obstacles que les entrepreneurs mettaient à ses études. Cette réponse est insérée dans la *Gazette de Venise* de la même année, p. 537, et elle est signée à la manière officielle : « Dall' I. « R. scuola tecnica in Venezia il 10 giugno 1847. La Com- « missione istituita pel riconoscimento dell' acqua de « pozzi artesiani in Venezia. Zantedeschi, Bizio, Pisa- « nello, Galvani, Cardo. »

III

La commission ne tarda pas en effet à faire connaître ses conclusions. Son rapport, très-explicite, a été imprimé dans la *Raccolta fisico-chimica italiana*, *Venezia* 1847, déjà citée, dont il occupe dix-neuf grandes pages. Ses conclusions sont absolument négatives; elles repoussent décidément l'eau artésienne de la classe des eaux potables, par toutes les raisons que l'hygiène publique requiert scrupuleusement dans une eau destinée à préparer les aliments et à éteindre la soif : « *Exclude decisa-* « *mente dal novero delle acque potabili, per tutte quelle* « *ragioni che l'igiene pubblica scrupolosamente richiede* « *in un' acqua destinata ad apparecchiare l'alimento e* « *ad estinguere la sete* (p. 16). » C'est le document A.

Comme on le pense bien, les entrepreneurs des puits artésiens se récrièrent contre le travail de la Commission vénitienne, ils en appelèrent à la Faculté de médecine de Padoue. La municipalité consentit à poser à cette Faculté la question dans les termes suivants : « *Se l' acqua del pozzo artesiano del campo San Polo possa* « *essere nociva alla salute, et quindi se si possa, o meno,* « *senza timore, lasciare libero al pubblico l' uso di essa.* « Si l'eau du puits artésien de San Polo peut être nui- « sible à la santé, et en conséquence si l'on peut, ou non, « sans crainte, en laisser au public le libre usage. »

La Faculté fit faire l'analyse par son professeur de chimie médicale, M. Ragazzini, qui trouva dans l'eau les mêmes matières fixes que la Commission vénitienne : « *Le analysi qualitativi*, dit-il, *sono pienamente in ac-« cordo.* » Quant aux proportions, il y avait les différences suivantes : Document C.

	RAGAZZINI.	COMMISSION VÉNITIENNE.
Carbonate de chaux.	51,600	44,250
Carbonate de magnésie.	22,400	19,580
Oxide de fer.	5,200	2,500
Carbonate de soude.	7,200	18,220
Chlorure potassique	2 000	0,780
Silice.	1,200	6,750
Matière organique azotée. . .	8,400	7,420
Perte.	2,000	0,500
	100,000	100,000

C'est à l'aide de ces deux analyses que la Faculté de médecine de Padoue fit un très-court rapport dans lequel elle déclare d'abord qu'elle ne tient aucun compte des autorités anciennes ni nouvelles, qu'elle s'en tient uniquement au fait résultant de l'analyse, et elle conclut de ce fait qu'aucun des principes en particulier contenus dans l'eau artésienne, ni leur ensemble, ne peuvent, soit *par leur nature*, soit *par leur quantité* être nuisibles à la santé; et, quant à la matière organique azotée, que beaucoup d'autres eaux potables en contiennent.

Ce rapport est signé par les professeurs Fanzago et Meneghini, originaires de Padoue, Stefani, d'Asiago; de Visiani, de Sebenico; Verson, de Laybach; Ragazzini, de Bagnacavallo; Giacomini, de Mocasina; Catullo de Bellune et Spongia, de Rovigno. En consultant le dictionnaire de Cantù, qui donne les lieux de naissance, on voit qu'il n'y a là aucun Vénitien.

J'ai cité tous ces noms : à chacun sa responsabilité. Le rapport de la faculté de médecine de Padoue n'a jamais été imprimé! pourquoi?.... quand tous les autres ont été livrés au public!! Sa copie authentique est aux documents officiels : il fut signé à Padoue le dimanche 7 juillet à midi. La date est bonne avec ses circonstances. Et quand, au mois de septembre suivant, la question fut portée au Congrès des savants, auquel tous ces professeurs de Padoue vinrent assister comme membres, pourquoi aucun d'eux ne prit-il la parole pour défendre un tel travail, longuement discuté et complétement réfuté par le vénérable professeur Taddei de Florence, président de la section de chimie, dont la loyauté (ici l'expression ne nuit à personne) et l'autorité scientifique sont parfaitement établies, même en deçà des Alpes?....

On avait prétendu que le filtrage au moyen du sable et du charbon ferait disparaître tous les vices que la Commission vénitienne reprochait aux eaux artésiennes, la dépouillerait de tout l'oxyde de fer, de presque toute la matière organique azotée et même d'une portion du bicarbonate de chaux.

La municipalité de Venise décida qu'on disposerait la citerne située tout près du forage de S. Leonardo pour expérimenter le procédé, et elle demanda à la Commission vénitienne un nouvel examen et un nouveau rapport. Ce rapport, très-étendu, se termine par les paroles suivantes :

« *Niente si dee pretermettere di quanto fa mestieri per*

« *chiarire debitamente il pubblico circa la ree qualità* « *dell' acqua che gli è proposta, affinchè a nessuno ac* « *caggia che, in iscambio di meritarsi la lode e la rico-* « *noscenza degli avvenire, non ne avesse il biasimo, il* « *disprezzo, l'ignominia.* On ne doit rien négliger « pour éclairer le public touchant les qualités nuisibles « de l'eau qui lui est proposée, afin de mériter les éloges « et la reconnaissance de la postérité et non LE BLAME, LE « MÉPRIS ET L'IGNOMINIE. »

En présence de ces énergiques paroles, je dirais *je ne sais pas, mais j'affirme* que les professeurs de Padoue sont tous revenus sur un jugement précipité, rendu sans instruction préalable et qu'ils ont suivi le conseil indirect que leur donnait le professeur TADDEI, quand il disait à ce propos dans le Congrès : « *Che uomini autorevolissimi per* « *dottrine hanno dovuto, e più d' una volta, o come indi-* « *vidui isolati, o come facenti parte di corporazioni acca-* « *demiche, parlamentarie,* etc., *ritrattare i giudizj già* « *emanati*... : Que des hommes considérables par leur « science ont été obligés, et cela plus d'une fois, soit « comme individus personnellement, soit comme mem- « bres de corporations académiques, parlementaires, etc., « de rétracter des jugements déjà prononcés..... »

IV

La perplexité était grande parmi les promoteurs des puits artésiens; la municipalité, où ils comptaient d'énergiques fauteurs, renvoya l'examen de la question à une commission nouvelle composée de chimistes étrangers à Venise.

Cependant l'époque fixée pour l'ouverture du Congrès arriva. Quatorze cent soixante-dix-huit savants de tous les points de l'Italie, et d'ailleurs, se réunirent à Venise ; et, du 15 au 27 septembre, dans les salles du palais ducal, on discourut pendant treize séances au profit du savoir humain.

L'occasion était belle pour traiter cette question palpitante des puits forés.

Le *Diario* m'apprend qu'à la troisième séance de la section de géologie, M. Pasini, secrétaire général, s'attacha « à réfuter ce qui avait été écrit sur la qualité des « eaux des puits artésiens de Venise et sur leur prove- « nance d'un terrain d'alluvion *a confutare quanto fu « scritto da alcuni intorno alla qualità e provenienza « dell'acqua dei pozzi artesiani di Venezia perchè prove- « niente da un terreno di alluvione.* » M. de Verneuil était à cette séance ; il y prit même la parole, mais non pas sur cet argument de M. Pasini. J'avais bien vu, en France, certaines gens changer d'opinion et crier, selon leur intérêt et les temps, « vive la république! vive l'empereur! » Mais il s'agissait de politique, science dans laquelle tout le monde a le droit de divaguer et de se contredire, le plus grand comme le plus petit, le financier comme le chiffonnier, le chiffonnier, jadis correspondant de M. Viennet, qui en est bien revenu.

M. Lodovico Pasini, géologue, secrétaire perpétuel de l'Institut de Venise, secrétaire général du Congrès, devait, par son exemple, essayer de prouver que les sciences physiques étaient soumises à la même loi de versatilité. Dans le passage que je viens de citer, il se réfutait lui-même; car c'est lui qui avait prononcé, quelques mois auparavant, dans la *Gazette privilégiée*, le premier jugement porté sur l'eau artésienne, le jugement que j'ai reproduit ci-dessus : *L'acqua procedendo da depositi argillosi e torbacei, non può essere a dirittura di buona qualità*. Et il faisait la chose bien de propos délibéré, car dans le *Diario* du Congrès, qui me fournit ce détail (page 25), on ne mettait rien sans la permission du secrétaire général.

Le lendemain c'était une autre thèse. Le général Vaccani soutenait dans cette même *section de géologie* que l'eau des puits artésiens, par l'abondance de ses dépositions, incrustait les chaudières et ne pouvait être employée au service des locomotives ; à quoi le major Charters, membre de la Société géologique de Londres, ajoutait qu'on ne pouvait pas non plus s'en servir pour la boisson, à cause de sa dégoûtante saveur (*disgustoso sapore*). Et là-dessus le professeur de Padoue, Meneghini, sur lequel tous les yeux étaient fixés (*vedendo che alcuno non sorge*, dit le *Diario*), exposait timidement les motifs *scientifiques* sur lesquels la Faculté de Padoue s'était fondée pour décider que cette eau, qui encroûtait les chaudières et qui avait une dégoûtante saveur, pouvait ne pas être nuisible à la santé (V. *Diario*, page 31), ajoutant, mais ceci de son propre fonds, qu'elle avait même des propriétés utiles dans certaines maladies. Le major Charters répondit que dans ce cas Venise serait mieux abreuvée que toute autre ville, car elle avait de l'eau, non-seulement pour se désaltérer, mais encore pour se guérir. Je n'étonnerai personne si je dis que l'argumentation de M. Meneghini n'eut aucun succès.

On savait mon opinion sur ce sujet des *eaux publiques* de Venise, que j'étudiais depuis si longtemps. Pour le forage en particulier, j'avais été d'accord avec M. Pasini sur l'impossibilité de trouver, autrement que par exception, des eaux potables dans un terrain de sédiment ; comme aussi sur l'impossibilité matérielle de pénétrer au sein de la terre jusqu'à la profondeur de plusieurs mille mètres pour y rencontrer le terrain tertiaire et en faire jaillir des eaux de bonne qualité. L'événement m'avait donné raison sur le premier point ; ces eaux du terrain d'alluvion n'étaient pas potables (*disgustoso sapore*). Je ne devais pas avoir tort non plus sur le second point, puisqu'il est vrai que, même avec la méthode Fauvelle, l'habile ingénieur, M. Degousée, ne put pas pénétrer au delà de cent trente-sept mètres. On savait, dis-je, mon opinion, et je n'en avais pas changé ; j'en avais fait l'objet d'une sixième lettre imprimée; c'était M. Pasini qui en avait changé.

On vint me prier de faire au Congrès, sur ce sujet, une lecture. On m'avait inscrit sur la liste des membres pour les sections de chimie et de médecine. Je choisis la section de chimie ; et, en cela, je fus d'autant plus heureusement inspiré, qu'un Français, un membre de l'Institut, M. Balard, en faisait partie ; et qu'étant obligé de parler français pour être bien compris des véritables intéressés, j'étais sûr d'avoir au moins un auditeur qui ne perdrait rien ni de mes raisons, ni de mon langage.

Je lus donc en français un très-court travail. J'en appelle aux souvenirs de M. Balard, la salle du *Conseil des Dix* se trouva trop petite pour contenir l'auditoire : tant était grande la préoccupation universelle sur le sujet que j'allais traiter. Le président Taddei prit la parole après moi ; il réfuta une à une, dans un langage souvent et très-vivement applaudi, les assertions plus que singulières contenues dans le très-court rapport de la Faculté de médecine de Padoue, dont il condamna la conclusion dans les termes les plus formels. Aucun des neuf signataires du rapport n'osa relever le gant. L'ingénieur Manzini se trouva seul pour répondre. M. Balard lui-même garda le silence. M. Manzini était l'un des entrepreneurs du sondage; il n'aborda pas le point de vue de la science, il argumenta d'intérêts particuliers. Le président lui maintint la parole, malgré les réclamations de l'auditoire (tumultuante). M. Manzini, continuant, voulut défendre le rapport de la Faculté de Padoue, qu'il qualifia maladroitement de tribunal *infaillible*. C'est en réponse à cette qualification d'infaillibilité que le président prononça les paroles ci-dessus citées, concernant la nécessité où ont souvent été les individus et même les corps constitués les plus considérables de revenir sur leurs jugements.

Je ne dirai pas le succès de cette séance. Le soir elle fut l'objet unique de la conversation dans tous les cercles. Les partisans des puits artésiens employèrent toute sorte de moyens pour en atténuer l'effet. C'était la sixième séance du Congrès ; il restait encore sept autres séances. Nul ne vint à la section de chimie ni aux autres sections réfuter mon travail et le discours de M. Taddei ; M. Pasini pensa mieux servir la cause commune, en mutilant le compte rendu habituel du *Diario*. C'était de la passion poussée jusqu'au ridicule. Le silence officiel le plus sévèrement observé est impuissant pour étouffer les vérités évidentes dont chacun a la conscience.

Le 25 octobre 1847 je reçus de Florence, par la poste et sous simple bande, un imprimé ayant pour titre : *Particola relativa alle acque dei pozzi artesiani di recente forati in Venezia.* (Estratto del giornale LA PATRIA, octobre 1847.) C'était le compte rendu de la sixième séance de la section de chimie, avec cette épigraphe : « La verità, e null'altro che la verità ; » il était précédé d'une protestation énergique signée de tous les membres du bureau. En même temps que l'imprimé, je reçus du professeur Taddei la lettre suivante :

A MONSIEUR GABRIEL GRIMAUD DE CAUX, A VENISE.

Florence, 25 octobre 1847.

Monsieur,

« Il n'est *aucun* qui puisse nier que des changements « ont été faits dans le bulletin des séances de ma section, « et qu'en ayant réclamé les réparations nécessaires, on « a *dévié* ma demande par des détours artificieux, jus- « qu'à se moquer de moi.

« S'il m'était permis de rester indifférent pour ce qui « me regarde individuellement, je ne pouvais pas faire « de même pour la science, à laquelle j'étais redevable « des vérités que j'avais soutenues, et que, dans l'inté- « rêt de l'humanité, j'étais obligé de respecter religieu- « sement, comme chimiste et comme médecin.

« Par conséquent, il m'a fallu avoir recours à la pu- « blication de cette déclaration qu'on m'avait refusé de « publier au delà du Pô (à Venise).

« Agréez, etc. Signé : Joachim TADDEI.

« *P. S.* Vous m'obligerez beaucoup en me donnant « tout de suite l'avis de cette réception. Vous direz à « M. le professeur Bizio que je lui ai écrit et que je « m'occupe et m'empresse d'envoyer ces mêmes décla- « rations à divers des membres du Congrès à Venise, à « Padoue, etc. »

Grâce à la *Particola* de Florence, j'ai pu rappeler ces longs souvenirs avec quelques détails.

V

Après le Congrès, la question, résolue pour le public resta officiellement dans les mains de la Commission nouvelle, composée de deux chimistes étrangers, un médecin, un chirurgien et un ingénieur; en tout, cinq membres. Elle déposa son rapport le 27 novembre.

Ce quatrième rapport était entièrement et absolument négatif. Comme on le pense bien, il n'encouragea point la municipalité à accepter l'eau artésienne pour le service de ses citernes.

J'ignore la suite. J'étais parti de Venise le 21 novembre, je n'y rentrai qu'un mois après, et j'eus immédiatement à m'occuper d'un second voyage que j'avais à faire en Égypte. Seulement je trouve, dans mes papiers de cette époque, plusieurs pièces et une lettre notamment, dans laquelle je lis ce qui suit : « La Commission des eaux a fait son rapport; elle a « déclaré l'eau mauvaise, et la municipalité en a pro- « noncé le refus formel A L'UNANIMITÉ... et il n'y a « pas d'autorité qui osât décider le contraire, car on « pourrait l'accuser, et avec apparence de raison, de « vouloir empoisonner la population... On dit que les « entrepreneurs veulent continuer à travailler et arriver « jusqu'au terrain tertiaire, mais j'en doute. »

Cette lettre m'était adressée à Marseille et portait la date du 2 décembre 1847; elle prouve qu'à cette date on ne songeait pas du tout à abreuver Venise avec les *très-belles fontaines jaillissantes* dont M. Degousée était *parvenu à la doter*.

Je restai à Venise jusqu'au 15 février 1848, et je puis assurer que rien n'était changé dans la question des eaux. Avant de partir j'allai saluer mes amis. Un grand personnage me souhaita une navigation heureuse et ajouta, en m'embrassant, ces paroles que je n'ai jamais oubliées : « Revenez-nous bien portant et bien content; mais Dieu « veuille qu'à votre retour vous ne trouviez pas l'Europe « sens dessus dessous. »

Le 24 février 1848 (révolution à Paris) je doublais le cap de Candie, et le 24 mars suivant (révolution à Venise) j'étais occupé, avec un ingénieur et une escorte d'Arabes, à la triangulation des lacs *Abougreda* et *Sultani*, à 30 kilomètres de la vallée du Nil, dans le désert Lybique.

Quand je rentrai à Venise, à la fin d'avril suivant, les Autrichiens étaient partis; et il y avait de grandes chances pour que les puits artésiens fussent de quelque utilité aux habitants de Venise, l'eau de la Seriola pouvant leur manquer en même temps que l'eau de la pluie.

Ce n'est pas de la salubrité publique seulement qu'il s'agissait alors pour la *dominante ;* c'est du salut de la société entière, et l'une des moindres conditions de ce salut était, à coup sûr, le choix de la meilleure eau potable. Je ne sais si l'eau des puits artésiens fut acceptée, telle quelle, et livrée à la population avec l'approbation du gouvernement provisoire ; je sais seulement que le typhus et le choléra vinrent en aide aux bombes autrichiennes et à la famine, pour obliger à la reddition sans condition une place qui, militairement parlant, n'a jamais été et ne sera jamais prise de vive force.

J'ai quitté Venise et je suis rentré en France en 1850. Le 1er novembre 1855, un de mes amis, à Paris, m'a fait tenir un exemplaire du *Moniteur* du jour, où l'on dit, en parlant de Venise, d'après le *Times :* « Dans ces « derniers temps on a creusé des puits artésiens, mais « ils n'ont fourni qu'une eau non potable, et en petite « quantité. » Je n'ai pas cherché et je n'ai pas eu, depuis lors, d'autres renseignements. Les moyens ne m'auraient pas manqué de satisfaire ma curiosité sur ce point. Quand on quitte une ville où on laisse d'excellents amis, et où, pendant un long séjour, l'on a reçu des témoignages nombreux de la considération générale, les braves gens de toutes les classes se font un plaisir de contenter vos désirs louables et discrets.

Quand, à l'occasion de mes études présentes, j'ai voulu être parfaitement éclairé sur l'état des choses actuel, pour tirer, au point de vue de la science de l'hygiène, des conclusions légitimes d'une expérience qui durait depuis quinze ans, si je n'ai pas eu recours à mes amis, c'est que leur véracité, quelque grande qu'elle soit, ne saurait, dans la balance de l'opinion publique, avoir le même poids que des documents officiels.

VI

Et maintenant il faut conclure :

L'historique précédent a réduit à sa véritable expression ce que M. Arago a dit *des puits artésiens de Venise*, à la séance de l'Académie des sciences du 10 janvier 1848, et dont le langage a été invoqué par les auteurs du débat et confirmé par M. Élie de Beaumont.

J'ai montré ce qu'étaient à cette date les *très-belles fontaines jaillissantes*[1], et comment la municipalité avait été conduite à rejeter alors à l'unanimité les eaux qu'elles fournissaient, pour le seul fait de leur mauvaise qualité.

J'ai aussi rectifié, en passant, l'histoire des prétendus vains efforts des ingénieurs de Venise.

Les *sables fluides* n'avaient encore empêché personne, et, quand on était venu dire à Paris : *toute espérance était perdue lorsque M. Degousée, après avoir étudié attentive-*

[1] Celle de San Polo, qui était la plus puissante, avait un genre de beauté dont je dois donner une idée.

« Les eaux de San Polo, écrivait-on au 15 juin 1847, forment une jolie « fontaine dont la chute est à 2 mètres au-dessus du sol. Elles sont parfai- « tement limpides, aussitôt que la grande quantité de gaz hydrogène car- « boné qu'elles contiennent s'est dégagée. Ce gaz inflammable renouvelle le « phénomène curieux des fontaines ardentes et *peut faire de la fontaine* « *un singulier et en même temps fort beau candélabre*..... L'on demeure « convaincu que ce gaz peut être employé pour l'éclairage, après avoir « subi l'épuration, ou comme moyen de chauffage immédiatement à sa sortie « du sondage. »

ment le régime des eaux de la contrée, etc., etc., on avait fait de la rhétorique.

Et, en effet, on n'avait pas attendu l'arrivée des entrepreneurs à tout risque, pour étudier le régime des eaux de la contrée. On avait même étudié la géologie du pays, précisément pour en tirer des inductions relativement au plus ou moins de succès d'un forage. M. PALEOCAPA, directeur général des ponts et chaussées, avait publié en 1844 un travail intitulé : *Considerazioni sulla constituzione geologica del bacino di Venezia e sulla probabilità che vi riescano i pozzi artesiani*. C'est une œuvre des plus remarquables et à laquelle l'événement a donné un grand prix.[1]

La plaine qui entoure la lagune de Venise n'est qu'une alluvion, s'étendant des bouches du Pò à celles du Tagliamento. Fortis a pu affirmer, avec un fondement de bonnes observations, que les monts Euganéens de Padoue étaient autrefois un groupe d'îles s'élevant au milieu de la mer qui allait jusqu'aux Alpes.

L'alluvion s'est formée par les cours d'eau qui descendent des montagnes, dont les débris limoneux venant au-devant des sables poussés par les flots de la mer, se sont déposés et ont constitué à leur point de rencontre des stratifications très-nombreuses et plus ou moins étendues.

[1] Les vicissitudes politiques ont amené l'illustre directeur des ponts et chaussées du royaume Vénitien à Turin, où, tant que sa santé le lui a permis, il a dirigé les travaux publics. Il avait fait partie du gouvernement provisoire de Venise en 1848-1849, et le roi de Piémont Charles-Albert, appréciant le mérite de l'ingénieur vénitien si renommé dans toute l'Italie, l'élève et l'égal de Fossombroni, l'avait attiré dans son ministère, bien avant la rentrée des Autrichiens à Venise.

Ces stratifications, composées de sables et de débris limoneux qui lient ces sables souvent mêlés de coquillages (*cappe*) se rencontrent partout dans la lagune et portent le nom de *caranti*. Elles alternent avec des couches de sable et d'argile grise verdâtre qui se superposent. Le *caranto* a une consistance analogue à celle du calcaire crayeux (*calcare cretoso*). Cependant la sonde française (*trivella gallica*) l'entame facilement; et, quand elle l'a traversé, elle s'enfonce d'elle-même par son propre poids, parce qu'elle tombe dans des matières argileuses très-meubles auxquelles succèdent de nouveau les couches de sable.

Ceci, je le répète, a été écrit et imprimé à Venise en 1844 *dalla typografia Cecchini*. L'auteur voyait et décrivait les stratifications que la sonde des entrepreneurs devait traverser trois ans plus tard.

M. Paléocapa concluait de là qu'on ne devait pas s'attendre à rencontrer des eaux potables dans une semblable constitution du sol. *E non è certo in queste stratificazioni di suolo che si troveranno le acque di fonte.* Pour avoir l'espérance de rencontrer des eaux vives et de bonne qualité, il faut se résoudre à pénétrer au moins jusqu'au terrain tertiaire, c'est-à-dire à une profondeur inconnue. Et, en effet, il n'y avait qu'à mesurer l'inclinaison des Alpes et leur plus courte distance à la mer, pour rester convaincu que cette profondeur devait être réellement très-considérable.

Lorsqu'en 1840, M. le comte de Kolowrat, ministre de l'intérieur, me demanda, à Vienne, ce qu'il conviendrait de faire pour compléter l'approvisionnement de Venise, qui manquait d'eau douce pour son industrie, car Venise n'a pas besoin d'eau pour la boisson, je pensai immédiatement aux puits artésiens. Je n'avais là-dessus aucune lumière : mais les premiers savants, les praticiens les plus expérimentés du pays et M. Paléocapa lui-même m'eurent bientôt fait comprendre les hasards de l'entreprise. On rencontrera de l'eau à des profondeurs diverses, médiocres même, mais cette eau sera le résultat des infiltrations pluviales. Sous le sol de Venise ce ne sont que des dépôts d'alluvions marines et fluviatiles, et ce n'est pas l'eau de ces dépôts qu'il nous faut, laquelle, comme l'enseigne l'expérience, ne saurait y être ni de bonne qualité ni en quantité suffisante.

Dans de pareilles circonstances, un aqueduc pouvait seul résoudre la question. On s'occupa donc d'un aqueduc. Plusieurs projets furent étudiés avec le plus grand soin ; et l'on allait mettre la main à l'œuvre, lorsqu'un de ces esprits qui ne doutent de rien proposa de creuser un *puits de Grenelle* (*sic*) au beau milieu de la place Saint-Marc. L'idée fit fortune, on ne parla plus que de *puits artésien* et l'on mit tout en œuvre, *tout*, pour faire suspendre l'exécution d'un aqueduc. Les entrepreneurs arrivèrent, aidant au préjugé par leur confiance aventureuse, et la municipalité de Venise se laissa aller à conclure un contrat, dont la réalisation était soumise à un si chanceux avenir.

Cet avenir est arrivé. La municipalité de Venise, si elle n'a pas perdu beaucoup d'argent, s'est vue privée du bénéfice qu'auraient procuré à ses habitants, depuis longues années, les eaux pures et abondantes du *Sile* en favorisant l'établissement ou le développement de toutes les industries qui trouvent dans l'eau un de leurs principaux éléments.

Les erreurs dont les conséquences n'intéressent que les individus sont dignes de pitié. Quand des populations, quand des villes entières en sont les victimes, la postérité réserve à leurs fauteurs une triste mémoire.

TROISIÈME PARTIE

DOCUMENTS OFFICIELS

Les documents officiels sont au nombre de sept, désignés par les lettres A, B, C, D, E, F, G. Ils sont accompagnés d'une note de M. l'ingénieur en chef de la municipalité de Venise, répondant aux questions qui lui ont été posées. Ils servent de pièces justificatives à l'appui de cette note.

Je reproduis la note, en la faisant précéder de la lettre d'envoi que M. le ministre a bien voulu m'adresser.

Lettre d'envoi.

Ministère des affaires étrangères. — Direction des consulats et affaires commerciales.— Envoi de renseignements sur les puits artésiens de Venise.

A MONSIEUR GRIMAUD DE CAUX, RUE SUGER, 12, A PARIS

« Paris, 25 mars 1861.

Vous avez sollicité, monsieur, l'intervention de mon département à l'effet d'obtenir, en vue d'un travail que vous préparez et qui doit être présenté à l'Académie des sciences, diverses informations relatives à l'état actuel des puits artésiens creusés à Venise de 1846 à 1850.

Pour satisfaire à cette demande, et en raison de l'intérêt public qui s'attache aux études dont vous vous occupez, j'avais invité le consul général de France à Venise à recueillir, auprès de M. l'ingénieur en chef de la municipalité de cette ville, les renseignements qui vous étaient nécessaires. Vous trouverez ci-inclus, monsieur, avec le texte et la traduction d'une note adressée par ce fonctionnaire à M. le baron de Théis, et dans laquelle sont traités les différents points sur lesquels vous avez exprimé le désir d'être éclairé, les documents, au nombre de sept, qui l'accompagnaient. Je vous prierai, d'ailleurs, de renvoyer toutes ces pièces à mon département après en avoir fait prendre copie, si vous le jugez à propos.

Recevez, monsieur, les assurances de ma parfaite considération.

Pour le ministre, et par autorisation, le directeur, conseiller d'État,

Herbet.

Note adressée par l'ingénieur en chef de la municipalité de Venise à M. le baron de Theis.

Au noble consulat (all' inclito consolato) *général de France à Venise.*

La perforation des puits artésiens à Venise a été entreprise à une époque à laquelle je n'appartenais pas à la municipalité. Il m'était, par conséquent, impossible d'avoir entre les mains tous les documents que l'édilité de Venise était seule en état de réunir.

Leur recherche dans les archives, que M. le président de la municipalité a bien voulu autoriser, ainsi que celles auxquelles j'ai dû me livrer au dehors pour les documents qui me manquaient, ont occasionné dans l'exécution de la mission que j'avais reçue (deferitomi) de ce noble consulat général, ce retard qu'autrement j'aurais évité avec le plus grand soin (con ogni cura).

Les questions à résoudre qui m'ont été adressées sont les suivantes :

1° L'eau de ces puits s'est-elle améliorée?

2° A-t-elle toujours jailli avec la même abondance?

3° Quel est le rendement journalier actuel des puits creusés à Santa Maria Formosa, San Polo, San Stefano, Santa Margharita, San Leonardo, Santi Apostoli, etc.

Les trois demandes ci-dessus étaient accompagnées de l'observation suivante :

4° L'historique du régime de chaque puits en particulier, depuis l'époque où l'on a commencé à en employer les eaux, constituerait un précieux élément d'appréciation de la constitution géologique de la lagune et du bassin de Venise.

Pour répondre à la première question, il serait nécessaire d'examiner les analyses chimiques des eaux des puits artésiens, faites à diverses époques. Les caractères physiques seuls ne suffiraient pas pour cela. Le fait est que, pour l'eau du puits de San Polo, il n'a été pratiqué que trois analyses : l'une au mois de juin, une autre au mois de juillet, et la troisième en novembre de l'année 1847. Deux autres analyses de l'eau du puits Saint-Léonard : l'une au mois d'août, sur l'eau filtrée à travers les sables; l'autre en novembre de la même année, sur l'eau telle qu'elle sortait du puits, et enfin une analyse de l'eau du puits de Sainte-Marguerite, en novembre 1847.

Je joins ici, sous les lettres A et B, la copie intégrale des premières analyses faites en juin et août sur les eaux des puits de San Polo et de San Leonardo. Elles ont été imprimées.

J'ajoute, sous la lettre C, la copie d'une nouvelle analyse faite le 4 juillet par la Faculté de médecine de l'Université de Padoue. *Elle n'a jamais été imprimée.*

Les dernières analyses de novembre 1847 ont été publiées; mais, pour ne pas augmenter inutilement le volume de la présente information, j'ai pensé qu'il suffisait de n'y joindre qu'un tableau (lettre D) donnant un résumé des résultats finals comparés.

S'il était permis de tirer quelques inductions des deux seuls essais comparatifs exécutés à si courte distance, il en résulterait que la qualité de l'eau se serait altérée dans le cours de quatre à six mois. Mais cette induction serait téméraire, et je suis obligé de m'en tenir au doute, jusqu'à ce que les faits résultant de nouvelles analyses (que l'on n'est point pour le moment dans l'intention d'exécuter) parlent un langage plus positif.

Des raisons physiques veulent que les eaux s'améliorent avec le temps [1], de même que celles qui traversent continuellement les couches perméables d'un terrain d'alluvion d'époque récente doivent, au contraire, se détériorer alors que la masse de ce terrain est traversée par quelques-unes des matières étrangères révélées par l'analyse, et peut-être aussi par une bonne portion de matière organique azotée.

Mais de ce qui existe aujourd'hui on ne peut pas dire avec précision si l'eau s'est ou non améliorée.

Quant à la deuxième question : Du 24 août 1846 au 9 octobre 1852, on a perforé à Venise les dix-sept puits suivants :

1° Santa Maria Formosa ;
2° San Francesco della Vigna ;
3° San Leonardo,
4° San Geremia ;
5° San Polo ;
6° San Giacomo dall' Orio ;
7° Ghetto nuovo ;
8° San Giacomo alla Giudecca ;
9° Santa Margharita ;
10° San Basso, contiguo alla piazza San Marco ;
11° Santi Giovanni et Polo ;
12° Madonna dell' Orto ;
13° Cà di Dio ;
14° Campo delle Furlane a San Pietro ;
15° San Stefano ;
16° Santi Apostoli ;
17° Giardini pubblici.

La situation respective de ces puits est placée dans le plan topographique de Venise, ci-joint sous la lettre E.

Des dix-sept puits creusés, les huit premiers sont toujours restés en activité ; les neuf derniers ont cessé de jaillir depuis le mois d'octobre 1852.

[1] Cette phrase n'est pas complète, il y a eu une omission du copiste ; ajoutez : *quand elles traversent des terrains neutres.*

Le tarissement de ces neuf puits démontre le peu de confiance que l'on doit avoir dans la durée de l'écoulement de cette eau, même dans les huit puits qui restent encore en activité. (*Ci fanno fede della possibile precarietà di quest' acqua, anche negli otto che rimangono attivi.*)

Le jaillissement des puits artésiens a été l'objet de cinq jaugeages exécutés exprès (*in via attendibile*).

Le tableau ci-joint (lettre F) indique que depuis 1847 jusqu'à 1854, on a remarqué un décroissement irrégulier et continu dans toutes les sources, excepté dans celle de Saint-Jacques à la Giudecca, qui, au contraire, a manifesté un accroissement sensible, après avoir subi un décroissement encore plus considérable, et de 1854 à 1856, six de ces puits ont éprouvé une augmentation, tandis que les deux autres ont subi une diminution[1].

Il serait impossible de donner une réponse positive à la troisième question, attendu que depuis 1856 on n'a exécuté aucun autre jaugeage. Il est permis seulement d'ajouter qu'aujourd'hui les jets ne présentent sur ceux de 1856 aucune différence bien appréciable à des yeux exercés (*per quanto è possibile di apprezarti con occhio esercitato*).

Quant à l'observation finale, je ne saurais mieux faire pour y répondre qu'en joignant la coupe géologique de sept des puits perforés à Venise, que j'ai extraite des mémoires de M. l'ingénieur Degousée.

Je me permettrai seulement de remarquer qu'alors même qu'on posséderait un historique complet du régime des puits artésiens creusés à Venise, à la profondeur mesquine (*alla meschina profondità*) d'où l'eau arrive, c'est-à-dire à un peu plus de soixante mètres, il serait impossible d'en tirer aucune induction de nature à éclairer sur la constitution géologique du bassin, comme aussi de la lagune de Venise, comme aussi d'autres lieux. Là où manquent les données bien interprétées de la sonde (*i saggi indubbi delle terebrazzioni*), — et la nature ne se prête pas autrement à mettre sous les yeux de l'homme d'étude le progrès de son incessant travail de transformation de l'écorce solide de la terre, — il n'y a d'autre ressource que l'induction sévère qu'on peut tirer de la science géologique en l'état où elle est aujourd'hui avec ses brillantes promesses d'avenir.

Venise, 6 janvier 1861.

Signé : GIUSEPPE BIANCO,
Ingénieur en chef de la municipalité

[1] Voyez ce tableau, page 11

Document A.

Analyse de l'eau sortant du puits artésien du campo San Paolo à Venise, exécutée dans le laboratoire de la *I. R. Scuola tecnica* de Venise. Ce document est signé Zantedeschi, Bizio, Pisanello, Galvani et Cardo. Venise, 30 juin 1847. Les chiffres de cette analyse sont reproduits à la page 28 du présent écrit avec l'indication *Commissione Veneta*. J'ai tiré de ce document la citation de la page 27.

Document B.

Analyse de l'eau sortant du puits de San Leonardo à Venise, introduite et filtrée à travers les sables de la citerne communale (*civica*) voisine, exécutée dans le laboratoire de la *I. R. Scuola tecnica*, par les mêmes. Venise, 20 août 1847. C'est de cette pièce que j'ai tiré les paroles énergiques citées à la page 29.

Document C.

Rapport de la faculté de médecine de Padoue, du dimanche 4 juillet 1847, à midi. Les chiffres de cette analyse sont reproduits à la page 28 du présent écrit, avec l'indication *Ragazzini*.

Document D.

Matières composant les différentes eaux artésiennes pour 5 litres ou kilogrammes.

	SAN POLO.	SAN LÉONARDO.	SANTA MARGARITA.	CITERNE DU PALAIS DUCAL.	CANAL DE LA SARIOLA.
GAZ					
	cent. cub.	cent. cub.	cent. cub.	m. cub.	m. cub.
Acide carbonique.	650.00	700.00	680.00	»	»
Hydrogène carburé	525.00	825.00	525.00	»	»
Azote.	175,00	175,00	175,00	»	»
Acide hydrosulfurique	traces	traces	traces	»	»

	SAN POLO.	SAN LEONARDO.	SANTA MARGARITA.	CITERNE DU PALAIS DUCAL.	CANAL DE LA SERIOLA.
SUBSTANCES FIXES					
Chlorure potassique. . . .	0,006471	0,003176	0,006705	»	0,001764
— magnésique. . .	»	»	0,051233	0,023260	0,116206
— calcique.	»	»	»	»	»
— sodique.	0,123529	0,242824	0,189062	0,056740	0,002030
Nitrate sodique.	»	»	»	»	»
Sulfate calcique.	»	0,002000	0,108000	»	0,001000
— sodique.	0,003921	0,010411	0,004706	0,023526	0,031574
— magnésique. . . .	»	»	»	»	»
Carbonate sodique. . . .	0,276079	0,273589	0,245294	0,081471	0,058626
— potassique. . .	»	»	»	»	»
— calcique. . . .	1 025000	0,995000	1,0 2000	0,488000	6,420000
— magnésique. . .	0,245000	0,115000	0,120000	0,050300	0,500000
Oxyde ferrique.	0,040000	0,038000	0,043000	0,010000	0,005000
— manganique. . .	0 035000	0,011000	0,025000	»	»
— d'aluminium. . .	0,010000	0,015000	0,007000	traces.	»
Acide silicique.	0,150000	0,207000	0,159000	0,031000	0,027000
Matière organique. . . .	0,245000	0,252000	0,129000	0,059000	0,003000
Perte.	0,001000	»	»	0,046703	0,065000
Total en grammes . .	2,160000	2,165000	2,180000	0,870000	0,790000

Dans la pièce officielle, le tableau contient neuf colonnes de chiffres : j'en ai négligé quatre donnant l'analyse des mêmes eaux, les eaux du document B, mais filtrées.

Document E.

Plan de Venise, avec l'indication des neuf puits artésiens qui donnent encore de l'eau.

Document F.

Tableau des jaugeages reproduit intégralement page 11.

Document G.

Coupes géologiques des sept puits suivants : Santa Maria-Formosa, San Polo, Santa Margarita, San Leonardo, San Stefano, Santi Apostoli, San Francesco della Vigna.

PARIS. — IMP. SIMON RAÇON ET COMP., RUE D'ERFURTH, 1.

DU MÊME AUTEUR

CONSIDÉRATIONS HYGIÉNIQUES SUR LES EAUX EN GÉNÉRAL et sur les eaux de VIENNE (Autriche) en particulier. Paris, 1839. 2e édition, brochure in-8. *Épuisé.*

ESSAI SUR LES EAUX PUBLIQUES, et sur leur application aux besoins des grandes villes. 1 vol. in-8. Paris, 1841. *Épuisé.*

NOTE SUR LES EAUX DE VENISE, brochure in-4 avec planche gravée. Paris, 1842. *Épuisé.*

MÉMOIRE SUR LES EAUX DE PARIS, grand in-4 sur beau papier, avec planches représentant un monument hydraulique, dessin d'ADRIEN DAUZATS. Paris, 1860. Prix. . . . . 5 fr.

DE L'AMÉNAGEMENT ET DE LA CONSERVATION DE L'EAU DE PLUIE, pour les besoins de l'économie domestique dans les communes et dans les habitations rurales dépourvues d'eau de source et de rivière. Instruction pratique. In-8. Paris, 1860. Prix. . . . . 25 c.

Ces ouvrages se trouvent chez DUNOD, éditeur, libraire des corps impériaux des ponts et chaussées et des mines, quai des Augustins, 49.

PARIS. — IMP. SIMON RAÇON ET COMP., RUE D'ERFURTH, 1.

www.ingramcontent.com/pod-product-compliance
Lightning Source LLC
LaVergne TN
LVHW012000160826
845678LV00002B/641
9782329690285